垃圾分类教育科普丛书

垃圾分类
小学分册

广州市城市管理委员会
广州市环境保护科学研究院　编著

暨南大学出版社
JINAN UNIVERSITY PRESS

中国·广州

图书在版编目（CIP）数据

垃圾分类. 小学分册/广州市城市管理委员会，广州市环境保护科学研究院编著. ——广州：暨南大学出版社，2015.12（2018.12 重印）
（垃圾分类教育科普丛书）
ISBN 978 - 7 - 5668 - 1690 - 0

Ⅰ.①垃…　Ⅱ.①广…②广…　Ⅲ.①垃圾处理—少儿读物　Ⅳ.①X705 - 49

中国版本图书馆 CIP 数据核字（2015）第 289437 号

垃圾分类：小学分册
LAJI FENLEI：XIAOXUE FENCE
编著者：广州市城市管理委员会　广州市环境保护科学研究院

出 版 人：徐义雄
责任编辑：刘慧玲
责任校对：李林达
责任印制：汤慧君　周一丹

出版发行：暨南大学出版社（510630）
电　　话：总编室（8620）85221601
　　　　　营销部（8620）85225284　85228291　85228292（邮购）
传　　真：（8620）85221583（办公室）　85223774（营销部）
网　　址：http：//www.jnupress.com
排　　版：广州市科普电脑印务部
印　　刷：深圳市新联美术印刷有限公司
开　　本：787mm×1092mm　1/16
印　　张：3.5
字　　数：148 千
版　　次：2015 年 12 月第 1 版
印　　次：2018 年 12 月第 3 次
定　　价：21.00 元

（暨大版图书如有印装质量问题，请与出版社总编室联系调换）

前　言

　　同学们，在你们使用越来越便捷的生活娱乐设施，吃着各式各样的美食，穿着款式多样、颜色各异的服装的同时，你们是否意识到，在我们常常忽略的角落里，垃圾在不断地增长？因为我们吃住穿所要用到的一切都要消耗地球的资源，而在消耗这些资源的同时垃圾也在不断地产生。我们的科技进步了、经济发展了、生活品质提高了，但是我们的生存环境却越来越差，我们的土地被越来越多的垃圾占据了，我们的空气、水体、土壤都受到垃圾不同程度的污染。

　　如何解决这些问题？其实，广州市政府在前几年就已意识到不断增长的垃圾的危害，于2011年颁布了《广州市城市生活垃圾分类管理暂行规定》，成为我国内地首个出台城市生活垃圾分类管理规定的城市。如今经过几年的探索、实践，《广州市生活垃圾分类管理规定》已于2015年9月1日正式实施，它的颁布，将有利于更进一步推行生活垃圾分类管理，提高生活垃圾减量化、资源化、无害化水平，从根本上解决"垃圾围城"、垃圾污染环境等问题。

　　为进一步普及垃圾分类知识，广州市城市管理委员会与广州市环境保护科学研究院有关专家共同编写了这套垃圾分类教育科普丛书——《垃圾分类》（幼儿园分册、小学分册、中学分册）。本小学分册既可以作为专题教育教材，也可以作为课外读物在全市所有小学推广使用，进行生活垃圾分类宣传教育。

　　老师们，同学们，为了广州市的美好明天，让我们携手从身边的小事做起，积极参与到生活垃圾分类行动中。只要我们人人参与，共同努力，我们的家园和环境一定会变得更加美丽！

作　者

2015年11月

目　录

第一课　认识垃圾

　　过去，垃圾在我们眼中是毫无用处的东西，被称为废物。它是我们人类在地球生存的副产物，因此，有人的地方就必定会有垃圾。

　　随着地球人口的不断增加，为了生存，我们每天都在向自然界索取各种资源，同时伴随着垃圾的不断产生。然而，在资源日趋紧张的今天，人们不得不重新审视自己对待垃圾的态度。人们开始发现许许多多的垃圾其实是放错地方的资源，并非毫无用处。

　　垃圾究竟是什么？如何把它重新变为资源？让我们先从认识垃圾开始。

1　什么是垃圾

什么是垃圾呢？垃圾其实就是我们认为没有用而扔掉的东西，所以，任何东西都有可能成为垃圾。

生活垃圾，是指单位和个人在日常生活中或者为日常生活提供服务的活动中产生的固体废弃物以及法律、法规规定视为生活垃圾的固体废弃物，包括卫生用品、家具、旧报纸、书本、食物、塑料、旧衣服等等。

想一想：

我们身旁都有哪些常见的垃圾？

● _____　● _____　● _____

● _____　● _____　● _____

2 垃圾从哪儿来

垃圾的来源很多，有的来自于家庭，有的来自于学校，有的来自于餐饮行业，有的来自于公共场所（电影院、游乐场、商场……），还有的来自于工厂、市场、建筑工地，以及我们随手乱扔的东西……多得数不清。

  想一想：

这种情景我们是否似曾相识？

我们是否有过随意乱丢垃圾的行为？

3 垃圾有多少

你知道我们每人每天会产生多少垃圾吗？

2015年上半年全广州市的垃圾产生量数据显示，我们每个人每天产生的垃圾为1～1.2千克，一年约330千克。如果你的体重在33千克左右，那你一年产生的垃圾就差不多有10个你那么重。

你知不知道我们广州市一天会产生多少垃圾？

相关数据统计显示，目前广州人口约1 800万，广州日产垃圾约2.26万吨。按广州现有小型垃圾运输车每车6吨的载重，那需要将近3 800辆垃圾运输车才能装完广州一天产生的垃圾。

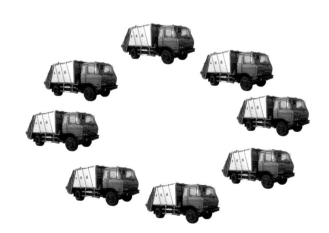

接下来，我们再来看看广州市这几年垃圾的产生量，据有关数据显示，广州市的垃圾产生量近五年来每年正以年均5%的增速不断上涨。大家想想，如果我们还不采取措施加以控制，那十年后这个数量有多大？

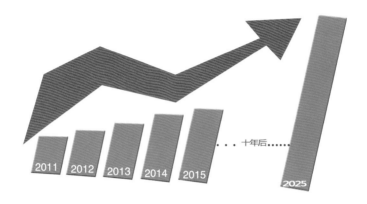

也许到那时我们就要面对一个被垃圾包围的广州了。

小调查

各位同学，让爸爸妈妈协助你一起做个小调查，看看你自己家十天内的垃圾产生量有多少，平均到每天每人又有多少？试着完成下面的调查表。

日期										
垃圾日产生量（千克）										
垃圾总产生量（千克）										
平均每人每天的垃圾产生量（千克）										

4 垃圾去哪了

保保

大家有没有想过，我们每天产生的这些垃圾，究竟都到哪里去了呢？下面由我来告诉你！

日常生活垃圾产生后，我们先对其进行分类，投放到相应的垃圾桶内，接着由垃圾收集人员对其进行收集分类，运送到不同的处理场所。像废塑料瓶、废玻璃瓶等可资源化利用的垃圾交由再生资源回收站点进行处理再利用；像废弃药品、废荧光灯管等则需要对其进行

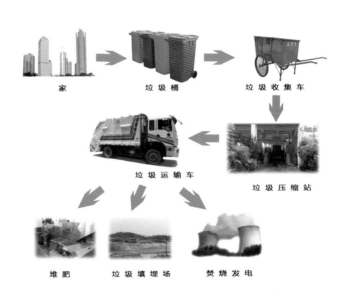

家　　　垃圾桶　　　垃圾收集车

垃圾运输车　　　垃圾压缩站

堆肥　　垃圾填埋场　　焚烧发电

专门的无害化处理后再进行填埋、焚烧或综合利用；而餐厨垃圾则可利用堆肥技术将其转化为肥料。

据统计，除了可回收物被回收利用外，广州市的垃圾主要去向有：卫生填埋、焚烧发电和堆肥处理，其中卫生填埋为主要的处理处置方式，约占所有垃圾处理处置的92%。

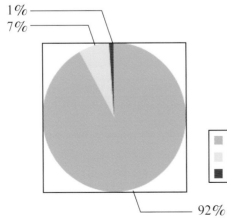

1%
7%

■ 卫生填埋
□ 焚烧发电
■ 堆肥处理

92%

一、卫生填埋

垃圾填埋场一般采用分层覆土填埋的方式对垃圾进行处理，在做好底部防渗的基础上，堆积一层垃圾后再覆盖一层黄土。

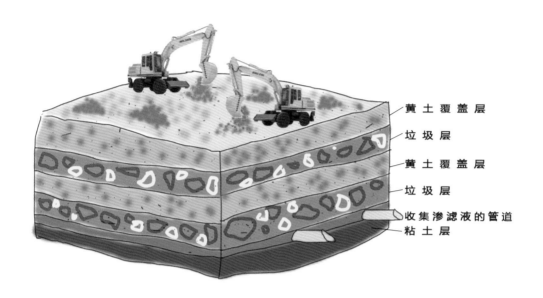

黄土覆盖层
垃圾层
黄土覆盖层
垃圾层
收集渗滤液的管道
粘土层

二、焚烧发电

垃圾焚烧发电是将垃圾收集后，进行分类，一是对于燃烧值较高的进行高温焚烧，将焚烧产生的热能转化成电能；二是对不能燃烧的有机物进行发酵，产生沼气，再经燃烧转化后产生电能。

三、堆肥处理

堆肥处理是利用垃圾或土壤中存在的微生物，使垃圾中的有机物发生生物化学反应而降解（消化），形成一种类似腐殖质土壤的物质，可用作肥料并用来改良土壤。目前，用于堆肥的垃圾主要是餐厨垃圾。

想一想：

我们每家每户平时产生的垃圾都到哪里去了呢？

这些垃圾是不是都得到了正确的对待与处理呢？

如果不是，我们有没有更好的对待和处理垃圾的方法呢？

5　垃圾的危害

一、垃圾围城

垃圾的露天堆放和填埋，要占用大量的土地资源。许多城市在郊区设置的垃圾堆放场侵占了大量的土地，同时破坏了填埋地的生态平衡。

现在广州市的大部分垃圾都运往兴丰生活垃圾卫生填埋场填埋。它是目前国内最大的垃圾填埋场，但是它也快要被我们这几年产生的垃圾堆满了。按照目前垃圾的增长速度，相信在不久的将来垃圾将无处藏身。

二、污染环境

未经分类的生活垃圾中含有各种有害物质，处理不当会直接污染土壤、空气和水源，影响环境卫生，传播疾病，并最终对各种生物包括人类自身造成危害。

1. 对空气的危害

大量垃圾露天堆放时会导致臭气熏天，老鼠成灾，蚊蝇滋生，大量氨、硫化物等有害气体向外界释放，垃圾燃烧时也会使许多致癌致畸物排放到大气中。

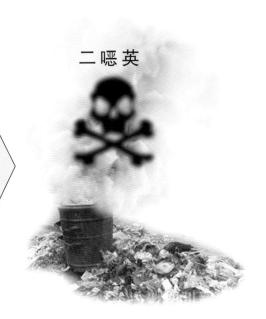

二噁英

垃圾小知识:

　　低温焚烧含有氯原子的塑料时，会产生一种叫做"二噁英"的有毒物质。它不易分解，很难自然降解消除。它的毒性十分大，是砒霜的900倍，有"世纪之毒"之称。

2. 对水源的危害

　　垃圾中含有病原微生物、有机污染物和有毒的重金属等。在雨水的作用下，它们被带入水体，会造成地表水或地下水的严重污染，影响水生生物的生存和水资源的利用价值。

3. 对土壤的危害

　　垃圾渗出液会改变土壤成分和结构，有毒垃圾会通过食物链影响人体健康。另外垃圾还会破坏土壤的结构和理化性质，使土壤保肥、保水能力大大下降。

三、其他危害

1. 传染疾病

垃圾中含有大量微生物，垃圾堆放处是病菌、病毒、害虫等的滋生地和繁殖地，是传染疾病的温床，严重危害人体健康。

2. 安全隐患

垃圾堆里可能含有一些易燃易爆的物质，如果不及时处理，在高温或遭遇明火的情况下，可能会发生燃烧，引发火灾甚至爆炸事故。

第二课　垃圾分类

　　截至2015年上半年，广州市的生活垃圾产生量为2.26万吨／天，要解决垃圾围城的困境，让垃圾重新变为可利用的资源，垃圾分类是根本。

　　实行垃圾分类后，生活垃圾中约40%的可回收物能直接作为资源回收，实现垃圾的减量化、资源化；同时，将有害垃圾单独分拣出来、单独处理处置，能避免对人体健康或自然环境造成直接或潜在的危害，实现垃圾的无害化。

1　垃圾分类的意义

　　垃圾分类就是将不同种类的垃圾分类投放、分类收集、分类运输、分类处理，使大部分垃圾重新变成资源，使有害垃圾无害化。垃圾分类收集不仅能减少环境污染、减少资源消耗、减少占地，同时也能美化我们的生活环境。

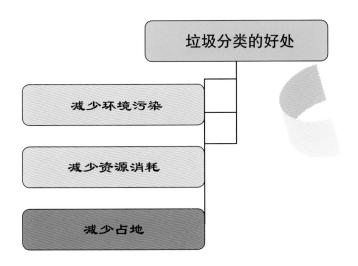

垃圾分类的好处

减少环境污染

减少资源消耗

减少占地

　　垃圾分类收集，可以把有用的、有害的，以及无害又无用的东西分开。然后再对它们分别进行回收利用或处理，这样既能大大减少垃圾的产生量，又能节约资源，保护环境。

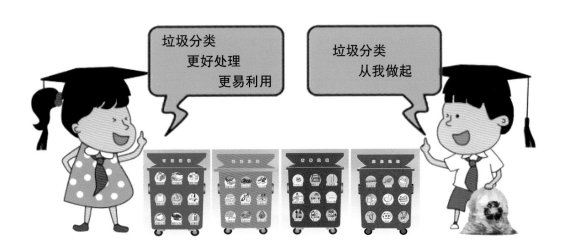

垃圾分类
更好处理
更易利用

垃圾分类
从我做起

一、减少污染

垃圾不仅有碍观瞻、影响城市形象，有些垃圾还具有有毒有害性。废弃塑料的燃烧可以产生"二噁英"；废弃的电池含有汞、镉等重金属；化妆品、油漆、荧光灯管、水银温度计、废弃药品等处理不当都是环境杀手，严重危害人们的健康。通过垃圾分类，这些物质可以集中到专业机构进行无害化处理，有些有毒有害垃圾经过处理后还可以变废为宝。将有害垃圾分类单独处理可以减少垃圾对水、大气、土壤的污染。

二、减少资源消耗

由于地球人口的不断增长，森林的砍伐、石油的开采……可以利用的自然资源已经越来越少。如果使用过的商品轻易被永久废弃，那么为了持续生产，就只能消耗更多的地球上有限的资源。但是，如果把废弃的垃圾回收、分解、加工变成原材料，使之重新循环使用，则可有效减少对树木、石油、矿产等资源的过度开采，减少资源的过度消耗。

三、减少占地

在广州市，生活垃圾的填埋量高达90％，占用了大量的土地。这些垃圾埋进土壤后，有些很快就可以被分解，有些则需要几年，甚至几十年以上的时间，基本上被垃圾填埋过后的地方已无多少利用价值。在未分类的垃圾中有40％是可回收物、30％是餐厨垃圾，可回收物可重新资源化利用、餐厨垃圾可进行堆肥化处理、其他垃圾里可燃性高的垃圾可用于焚烧发电，如果这几类垃圾都能全部分类回收利用，那要填埋的垃圾数量将急剧减少，填埋场的占地面积也可随之大幅缩减。

垃圾分类为的是创造一个无垃圾的社会，一个使资源不断循环再生的社会，而这一切只需要我们的举手之劳。

2 垃圾的种类

妹妹

通过上一节的学习，我们知道垃圾分类有许多优点，同学们一定迫不及待地想要对我们自己产生的垃圾进行分类了吧？但是该怎么分呢？别着急，在分类前我们要先知道垃圾都分为哪几种，才能做到更准确地投放。下面就让我们来看看我们平时产生的这些垃圾到底分为哪几种。

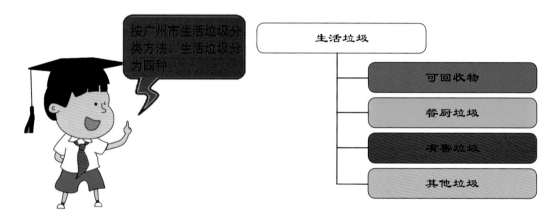

按广州市生活垃圾分类方法，生活垃圾分为四种。

生活垃圾
- 可回收物
- 餐厨垃圾
- 有害垃圾
- 其他垃圾

我们日常生活产生的垃圾都可以归纳到这四个类别内，那我们每天产生的垃圾到底是哪一种最多呢？看看下图的比例你就知道了。

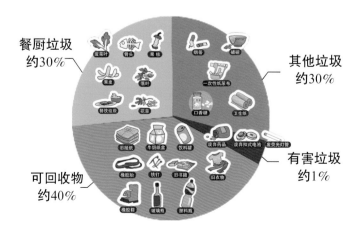

餐厨垃圾 约30%

其他垃圾 约30%

有害垃圾 约1%

可回收物 约40%

在平时投放时你能分得清可回收物、餐厨垃圾、有害垃圾和其他垃圾吗？下面让我来告诉你吧！

可回收物：是指适宜回收和资源化利用的生活垃圾，包括纸类、塑料、金属、玻璃、木料和织物等。

餐厨垃圾：是指餐饮垃圾及废弃食用油脂、厨余垃圾和集贸市场有机垃圾等易腐性垃圾，包括废弃的食品、蔬菜、瓜果皮核以及家庭产生的花草、落叶等。

　　有害垃圾：指对人体健康或者自然环境造成直接或者潜在危害的生活垃圾，包括废充电电池、废扣式电池、废荧光灯管、废弃药品、废杀虫剂（容器）、废油漆（容器）、废日用化学品、废水银产品等。

　　其他垃圾：指除可回收物、有害垃圾、餐厨垃圾以外的混杂、难以分类的生活垃圾，包括废弃卫生用品、不可降解的一次性用品、普通无汞电池、烟蒂、尘土等。

知识拓展

垃圾分类投放常见问题

问题一 铅笔是有害垃圾吗?	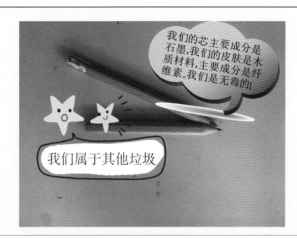
问题二 废弃的牛奶纸盒、酸奶塑料盒能作为可回收物吗?	
问题三 餐厨垃圾是指厨房产生的垃圾吗?	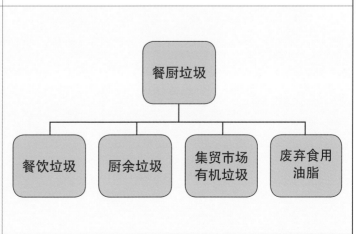

问题四

一次性干电池是有害垃圾吗？扣式电池、充电电池是有害垃圾吗？

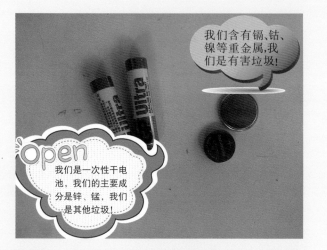

问题五

厕纸、卫生纸、擦汗纸可回收吗？

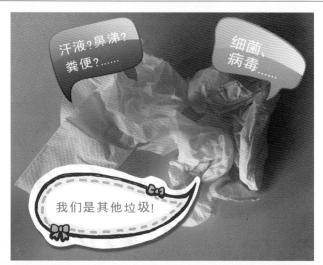

问题六

矿泉水瓶里喝剩的水为什么要倒掉再丢？

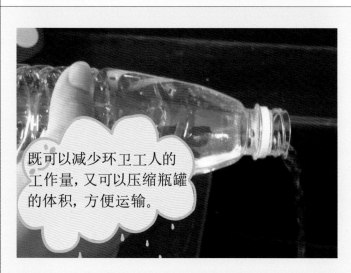

3　垃圾的分类

既然我们已经知道了垃圾分类的好处，以及垃圾的种类，那怎样才能更好地进行分类呢？让我们按照以下方法来开始行动吧。

一、垃圾分类原则

A. 对可回收物进行资源回收。

B. 有害垃圾要单独运输、贮存和进行无害化处理。

C. 餐厨垃圾等含水量较高的垃圾要与其他垃圾分类盛装、分类投放。

二、垃圾分类步骤

可回收物　　　餐厨垃圾　　　有害垃圾　　　其他垃圾
Recyclable　　Kitchen waste　Harmful waste　Other waste

第一步：认清标志

　　广州市生活垃圾分为四类：可回收物、餐厨垃圾、有害垃圾和其他垃圾，并配备了不同颜色、不同标志的垃圾桶。

第二步：判断垃圾的种类

在投放前，先要正确判断垃圾的种类。如果无法判断，可请教别人或查看分类指引；实在无法判断的可当作其他垃圾处理。

第三步：正确投放

将不同种类的垃圾投放到相应的垃圾桶内。

垃圾分类需注意

1. 织物属于可回收物。

2. 废充电电池、废扣式电池属于有害垃圾，一次性干电池仅含微量汞，可视为其他垃圾。

3. "干湿要分开"中的"干垃圾"就是指其他垃圾，"湿垃圾"就是指餐厨垃圾，包括酒店宾馆等机团单位产生的餐饮垃圾及废弃食用油脂、居民家庭产生的厨余垃圾和集贸市场有机垃圾等易腐性垃圾。

4. 可回收物可预约服务企业上门有偿回收，或自行送至就近回收点交易，或投放至可回收物收集容器。

5. 餐厨垃圾应使用专用垃圾袋，密闭投放至餐厨垃圾收集容器。

6. 有害垃圾要投放至居民生活区指定投放点的有害垃圾回收容器，或投放至商店、企业设置的专用回收箱。

7. 其他垃圾袋装投放至其他垃圾收集容器。

知识拓展

不容小觑的电子垃圾

随着科技的高速发展，电子垃圾也越来越多。它们既是当代信息时代的副产物，同时也徘徊于"有害垃圾"与"可回收物"之间。电子产品更新换代的速度实在太快，以至于有那么多的电子垃圾来不及处理。据统计，在2007年全球每年产生的电子垃圾接近4 000万吨，并以比垃圾总量更快的增长速度在增长。据有关资料显示，中国每年有500万台电视机、400万台冰箱、500万台洗衣机要报废，还有500万台电脑和上千万部手机进入淘汰期。

电子垃圾的成分复杂，以人们身边最常见的电视、电脑、手机、音响等产品为例，其组件中一般含有六种主要的有害物质：铅、镉、汞、六价铬、聚氯乙烯和溴化阻燃剂。如果将这些垃圾任意丢弃在野外或填埋于地下，其所含的重金属将随雨水渗入并污染土壤和地下水，最终通过植物、动物、人类的食物链不断累积，造成中毒事件。庞大的电子垃圾簇拥在我们周围，如果处理不当，对人类和环境将造成严重危害。

小小观察员

请仔细观察一下，一天里面我们都产生了哪些垃圾？

调查地点								□家里　　□学校	
垃圾种类	可回收物	___种	餐厨垃圾	___种	有害垃圾	___种	其他垃圾	___种	
	无法判断的垃圾								
哪一种垃圾的数量最多？									
你的感想									
我们可以做些什么？									

练　习

一、选择题

1. 花生壳属于什么垃圾呢？（　　　）

A. 餐厨垃圾　　　　　B. 可回收物　　　　　C. 其他垃圾

2. 尘土属于什么垃圾呢？（　　　）

A. 有害垃圾　　　　　B. 其他垃圾

3. 一天当中，我们一个家庭产生的垃圾里，哪一种垃圾数量最多？（　　　）

A. 餐厨垃圾　　　　　　B. 可回收物　　　　　　C. 其他垃圾

4. 《广州市生活垃圾分类管理规定》自_____年_____月_____日起实行。
（　　　）

A. 2015年8月1日　　　　　　　　　　B. 2015年9月1日

C. 2015年10月1日　　　　　　　　　D. 2015年11月1日

5. 广州市生活垃圾分为（　　　）。

A. 其他垃圾、不可回收物、有害垃圾、餐厨垃圾

B. 可回收物、不可回收物。

C. 可回收物、餐厨垃圾、有害垃圾、其他垃圾

D. 可回收物、玻璃垃圾、有害垃圾

6. 废旧荧光灯管属于_____，应投入_____色的垃圾分类桶。（　　　）

A. 可回收物、蓝　　　　　　　　　　B. 可回收物、红

C. 有害垃圾、红　　　　　　　　　　D. 有害垃圾、蓝

7. 下列哪组均属于可回收物？（　　　）

A. 布料、玻璃瓶　　　　　　　　　　B. 废弃电池、玻璃

C. 玉米核、塑料文具　　　　　　　　D. 灰土、剩菜剩饭

8. 广州市生活垃圾分类24小时服务电话是多少？（　　　）

A. 12316　　　　　　B. 12317　　　　　　C. 12318　　　　　　D. 12345

二、判断题

1. 所有的电池都是有害垃圾。（　　　）

2. 餐巾纸属于纸类，也是可回收物。（　　　）

3. 橘子皮很容易降解，可随便丢弃。（　　　）

4. 餐厨垃圾指的就是厨房产生的剩饭剩菜、菜帮菜叶。（　　　）

三、思考题

1. 什么是"干湿要分开"？

2. 垃圾分类有什么好处？我们可以做些什么？

请说一说，并付诸行动，好吗？

参考答案：A B A B C C A D

连连看

把下图中的垃圾用线连接到对应的垃圾桶内。

可回收物　　　　餐厨垃圾　　　　有害垃圾　　　　其他垃圾

落叶　　　　食品包装袋　　　　旧书本　　　　光碟

餐巾纸　　　　椰子壳　　　　废弃药品　　　　旧鞋子

玻璃瓶　　　　洗涤剂　　　　油漆桶　　　　矿泉水瓶

第三课　大家齐行动

　　通过前面的学习，我们知道了什么是垃圾。垃圾是废物也是资源，它虽然会侵占我们的土地、污染我们的环境，但也可能给我们提供更美好便利的生活。我们是让垃圾危害我们还是让垃圾服务于我们，其实完全取决于我们怎么对待它。

　　让我们马上行动起来！在日常生活中，除了要做好垃圾分类外，还要自觉减少垃圾的产生，同时发挥我们的聪明才智，把已产生的垃圾变废为宝。我们在自己做好的同时，也可以让更多人一起参与到这场保护地球母亲的行动中来，还大家一个美丽干净的环境。

1 做好垃圾分类

同学们，上一课我们学习了怎么辨别各种垃圾，也教了大家垃圾分类的方法，那在日常生活中我们如何做好垃圾分类呢？下面让我们一起行动起来吧。

一、家里的垃圾分类行动

在家里，跟大人一起做好垃圾分类：可回收物可预约服务企业上门有偿回收，或自行送至就近回收点交易，或投放至小区可回收物桶内；干湿分开，餐厨垃圾使用专门的垃圾袋，与其他垃圾分开；有害垃圾要单独存放好，避免混入其他垃圾中，然后将其投放至小区内指定的有害垃圾投放点，或投放至商店、企业设置的专用回收箱；剩下的其他垃圾袋装后投放至其他垃圾桶内。受环境条件制约的住宅区，可在家里将垃圾分成餐厨垃圾和其他垃圾两类进行投放，再由垃圾收集人员按四类分类标准进行分类收集。

 垃圾分类需注意：

1. 废纸类投放前，应去除塑料封面、外封套、订针等，并铺平叠好，加以捆绑；瓶罐等容器应倒空内装物，软包装应抽出吸管并压平；纸、塑料、金属等混杂之物品应尽可能按属性进行拆解。
2. 人行道、绿地、休闲区等公共区域不可进行可回收物分拣、贮放。
3. 居民家庭废旧家具、废旧大件电器及电子产品等大件垃圾投放，可预约废品回收企业上门回收。
4. 碎玻璃等坚硬锋利物品用纸包好后投放，以免伤人。
5. 年花等废弃花草应根据本区域环卫部门的要求，定时定点投放，综合利用。

二、学校里的垃圾分类行动

A. 在学校产生的日常垃圾，按照课室内的垃圾桶准确分类投放，遇到不知道要投放到哪个垃圾桶的垃圾，可以请教老师和同学；
B. 如果班级内没有分类垃圾桶，可以和同学们一起制作；
C. 当你值日时，对于同学们分类投放的垃圾再进行检查，投放错误的要对其进行重新分类再投放到学校的分类垃圾桶内。

可以建议班主任开展以"垃圾分类"为主题的班会或知识竞赛。大家一起学习垃圾分类知识，在活动中加强对垃圾分类的认识。

可以制作"垃圾分类"的黑板报、手抄报或宣传海报，传播垃圾分类的知识，提高大家垃圾分类的意识，让更多的人一起参与到垃圾分类中来。

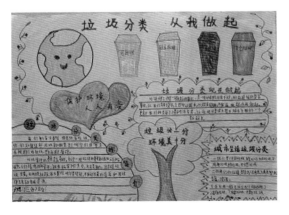

动动手

自制垃圾桶

垃圾桶制作材料

纸箱/塑料桶
封箱胶
彩色卡纸
剪刀
美工刀

图片来源：http://www.shedunews.com/html/
news/yeyzzjwj/132/120131/23_377094_1.html

制作步骤：

1. 把废弃的纸箱或塑料桶裁切成你喜欢的形状；

2. 把纸箱或塑料桶用封箱胶密封，只留一边做投递口；

3. 可在不用的垃圾分类宣传海报上把垃圾分类的图标裁剪下来贴在各个相应的垃圾桶上，也可以发挥你的自由创造，自己绘制分类标志，或写上文字标识，还可用彩色卡纸给箱体做一些装饰，一个垃圾桶就制成了。

三、公共场所的垃圾分类

大家在外购物、游玩时也会产生一定量的垃圾，而目前广州市大部分街道的垃圾桶只有两类：可回收物和其他垃圾。大家在投放时按照之前学习的分类对其进行区分投放即可，后续会有垃圾收集人员对其进行分类收集；大家也可以养成将垃圾带回家里或小区再进行分类投放的好习惯，减轻垃圾收集人员的工作量。

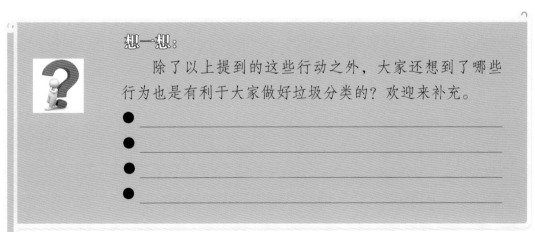

想一想：

除了以上提到的这些行动之外，大家还想到了哪些行为也是有利于大家做好垃圾分类的？欢迎来补充。

- _____
- _____
- _____
- _____

2 减少垃圾的产生

　　我们应该在日常生活中养成节约资源的好习惯，从源头上减少垃圾的产生。举手之劳，却能还我们一个美丽洁净的地球，何乐而不为呢？

1. 少用一次性制品

　　在学校使用可换芯的笔，尽量不用一次性笔，节约又环保；在饭堂不使用一次性饭盒、筷勺，用自带的餐具，健康又放心；外出旅行自带水壶、牙刷和拖鞋，减少塑料垃圾的产生，安全又卫生。

2. 少用塑料袋

　　塑料袋是白色污染的罪魁祸首，它在自然界中上百年不能降解，如果进行焚烧又会产生有毒气体。因此，为了减少白色污染，请自带购物袋外出购物，少领取商店的塑料袋，重复使用已有的塑料袋。

3. 送礼从简

选购礼品的时候尽量选择绿色包装，过度包装是资源和金钱的双重浪费。

4. 珍惜纸张

在我们每天繁忙的学习中，留心一下你会发现，原来已经使用过的作业本，反面可以用来做草稿纸；平日里擦嘴的手帕纸是可以和同学朋友对半共享的；擦手或者擦汗用布手帕更实在。

5. 交换、捐赠多余物品

生活中经常有一些闲置不用的玩具、文具、衣物、书籍等，留着无用，扔了可惜又增加环境负担。其实，可以把这些物品通过社区或者学校举行的跳蚤市场与其他人进行交换，或者捐赠给贫困地区或受灾地区，就更是物尽其用了。

3 变废为宝

事物之所以被称为"废"，是因为它不能发挥自身原有价值，但并不代表它不具有使用价值了。所以不存在绝对的废物，只是我们还没找到能让它们发光的地方。在现实生活中，我们应以"变废为宝"的眼光来看待各种垃圾，不能盲目、随意地丢弃，要最大限度开发它的价值。什么是节约？变废为宝就是最大的节约。

一、餐厨垃圾变身土肥

> **土肥制作材料**
>
> 餐厨垃圾
> 土和落叶
> 带盖塑料桶

先在桶底铺上一层土和落叶，再把充分脱水的餐厨垃圾铺于上面，这样一层一层地交互堆放于桶中，然后放置2~3个月，土肥就制作成功了，可以用来种花、种菜。

5千克的餐厨垃圾可制作大约1千克的土肥。

要想快速制作土肥并祛除臭味，可在1千克餐厨垃圾中加入20~30克的除臭肥，不加入土和落叶也可以。待塑料桶装满后，放置7~10日，土肥就做好了。

二、多才多艺的环保酵素

环保酵素是用新鲜的餐厨垃圾、红糖和水按照一定比例混合发酵而成的，制成后可用作空气清新剂、清洁剂、驱虫剂、肥料等。环保酵素既是环保无公害的用品，它的制作又能减少垃圾的产生，一举多得。

1.酵素制作材料
带盖塑料瓶
新鲜餐厨垃圾
红糖、水
2.各原料用量
餐厨垃圾:红糖:水按照
3:1:10的比例混合

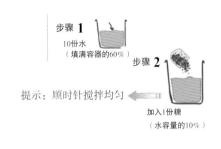

步骤 **1**
10份水
（填满容器的60%）

步骤 **2**
提示：顺时针搅拌均匀
加入1份糖
（水容量的10%）

步骤 **3**
加入3份新鲜的餐厨垃圾
（填满容器的80%）

提示：要将餐厨垃圾切碎并完全浸入水中

步骤 **4**
关紧瓶口，
发酵3个月
（第一个月需每日稍微打开瓶口放气）

提示：置于阴凉通风处

环保酵素制作注意事项：

1. 所有原材料投放完毕后，需要给罐体留出三分之一的空间，用于发酵；

2. 在发酵的第一个月不要彻底密封容器，如果容器彻底密封，气体膨胀后会导致容器爆炸，第一月内每天必须揭开盖子给酵素放气，第二个月和第三个月可以每隔几天或十几天打开盖子放气，观察酵素发酵情况；

3. 制作酵素的容器可采用塑料瓶、胶桶等，要避免用玻璃或金属等容器，因为酵素发酵的过程中会产生气体，使用玻璃或金属等容器易发生爆炸。

三、饮料瓶盖妙制密封器

材料：保鲜袋、饮料瓶、剪刀

1. 取一个带盖子的饮料瓶，在距离瓶盖3~4厘米的地方将其剪开，这就是密封器；

2. 将保鲜袋装上物品后，取下瓶盖，将袋口收拢，从密封器剪口穿过去之后，将袋口张开封住密封口；

3. 重新把瓶盖拧回瓶口就密封了。

四、香烟盒做收纳盒

材料：香烟盒若干、包装纸（海报）、剪刀、
双面胶

1. 把香烟盒统一裁剪，然后逐个背对背拼贴；

2. 把所有香烟盒拼贴完整后，按照个人喜好挑选包装纸装饰，可利用生日礼物的旧包装纸，或者旧海报广告纸；

3. 根据香烟盒大小裁剪包装纸，贴牢，注意转弯和交接处；

4. 包装纸贴牢后，收纳盒就完成了，可以放进各种文具、卡片。

五、冰棍杆制清新相框

材料：颜料、画笔、冰棍杆（5根）、纽扣、剪刀、乳白胶

1. 将5根冰棍杆用乳白胶按下图粘在一起；

2. 刷上自己喜欢的颜料，放通风处晾干；

3. 用平时不用的纽扣按自己喜欢的样式粘贴在相框上进行装饰，充满小清新的相框就做好啦！可以选取喜爱的照片粘在相框背面。

第四课　垃圾分类经验

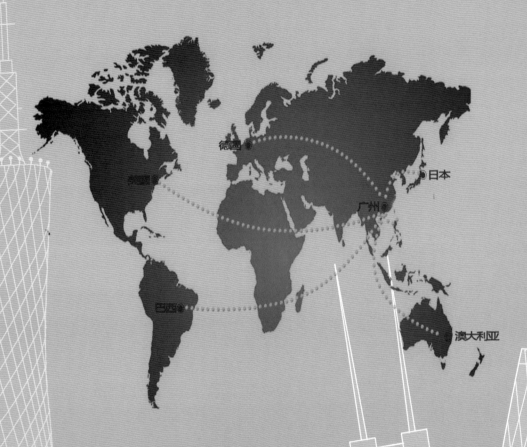

　　除了我们广州越来越重视推广垃圾分类之外，世界各地也都在热火朝天地进行垃圾分类行动。现在请乘坐我们的环保号穿梭机，去看看地球上的其他角落正发生的有关垃圾分类的趣事吧！

1 垃圾分类处理概况

通过前面的阅读，大家一定深刻领会到了"垃圾围城"的危害性和严峻性。的确，从某种程度上来说，"垃圾围城"是当前全世界都正在全力攻克的难题。我们每天产生的大量生活垃圾，主要是通过以下4种渠道进行处理。

本着减量化、资源化、无害化的原则，世界上的其他国家和中国一样，在与生活垃圾做着坚强的抗争。各国依据自身情况侧重选择不同的处理方式，这也就构成各国的城市垃圾处理体系。

让我们借用饼状图来比比各地区的垃圾处理数据吧！

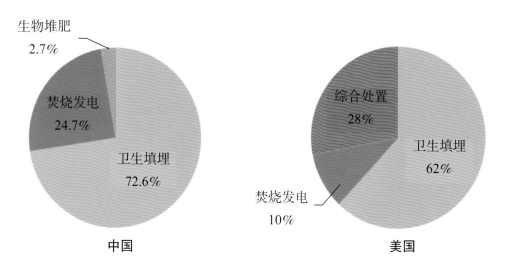

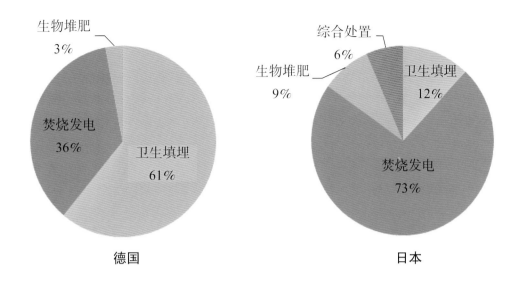

德国

日本

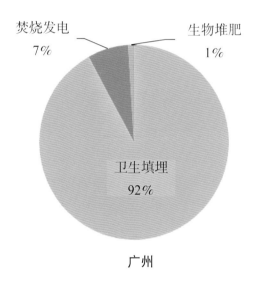

广州

想一想：

为什么各地区的垃圾处理饼状图里会出现不同大小的颜色分配呢？

2 垃圾分类在国外

德国

对于德国人来说，垃圾桶是最重要的生活用品之一。走在德国街头，随处可见各种花花绿绿的垃圾桶。如果你长大后决定去德国留学深造，你将面临的第一堂课就是学会垃圾分类。更特别的是地方政府每年年底都会给每家每户分发本地的垃圾清理指南，俗称垃圾日历，上面注明了下一年本地各个地块各种垃圾的清理日期。每到指定日期，住户有义务把相应的垃

图片来源：http://www.ycwb.com/news_special/2010-01/14/content_2400810_4.htm

圾桶推到门口人行道上，方便垃圾清运工作。如果你不严格按要求分类倒弃垃圾，就会收到"环境警察"的警告信，情节严重者会增加所居住小区的垃圾处理费，这样不仅会受到邻居的责怪，还有可能被管理员赶出公寓。

同学们，你们能想象得到吗？其实瓶子在德国是很值钱的！因为你在购买部分饮料时，就已经预付了瓶子的押金，需要将空瓶退回才能拿回押金。一般来说，每个容量1.5升以下的瓶装或者罐装饮料瓶可以换回0.25欧元押金，1.5升以上的则可以换回0.5欧元。因此，用空饮料瓶换钱成为很多德国小孩的零花钱来源。

德国小朋友都有收集空瓶子的习惯，你呢？

图片来源：http://news.xkb.com.cn/guangzhou/2013/1028/289845_2.html

美国

在美国，扔垃圾是一门学问。在各户

门口都摆放着"分工明确、各司其职"的五颜六色的垃圾桶：黑色或灰色垃圾桶装不可回收利用的生活垃圾；蓝色或绿色垃圾桶（筐）盛可再生利用的垃圾，

如玻璃瓶、易拉罐、塑料制品（牛奶、洗衣液空桶）、旧报纸杂志等；大垃圾袋里装的是庭院杂草、树枝。其中，旧报纸杂志还要与玻璃瓶、易拉罐、塑料制品等分别放在不同的桶（筐）中。

图片来源：http://henan.qq.com/a/20130812/015870.htm

衣房的地下室，都能发现可用可回收瓶子换钱的垃圾回收箱，它还有一个可爱的名字：绿豆回收箱。尽管每个瓶子只能换回五美分的补偿，绿豆回收箱还是受到学生的强烈喜爱。回收空瓶的意义不只在赚钱，更是让学生有了维护环境的参与感。

在美国波士顿各大高校的校园里，或是学生中心，或是体育馆，抑或是某间洗

日本

对于从出生就开始学习垃圾分类的日本人来说，落下"不履行垃圾分类"的名声，可是很丢人的事。以母亲手把手的教授方式代代相传，垃圾分类的学习将贯穿每个日本人的一生。而对于日本的小孩来说，垃圾分类是从小就看惯了的事，身边自觉遵守的大人们是他们的榜样。面对手

我是绿豆回收箱

图片来源：http://news.xkb.com.cn/guangzhou/2013/1114/293199_2.html

中喝完了的牛奶盒，你会怎么处理，扔进垃圾桶就万事大吉了吗？看看日本的小学生会怎么做吧！他们会严格执行一套烦琐的清理流程：①把牛奶盒里的牛奶喝得干干净净；②在装着水的桶里清洗牛奶盒；③把洗好的牛奶盒放在通

风透光处晾晒；④把前一天晒好的牛奶盒用剪刀剪开，方便收集；⑤专门人员来收集同学们的牛奶盒。虽然这只是他们日常生活的一小部分，但不禁让我们为他们竖起大拇指，正是这样渗入到生活细节中的素质教育铸就了这个民族的文化。

图片来源：http://blog.sina.com.cn/s/blog_677753fe0101hjoo.html

日本的大阪市立开平小学就专门把垃圾分类写入了小学教材。打开教材，所有有关垃圾分类的信息图文并茂地呈现在课本上，就连对日语不太精通的人，都能看懂内容。除了课堂授课之外，学校还会要求学生回家调查一下，有哪些好的分类方法；甚至还有不少野外调研的机会：到环境局参观、了解垃圾车是如何工作的；到舞洲垃圾处理厂参观垃圾是怎么处理的，把书本的文字形象地变成生活体验。学校生活中还有很多小细节也渗透着环保意识：比如上书法课，学生练字的本子就是一叠旧报纸，正面写完了写反面，最后再回收。

澳大利亚

你们一定想不到，悉尼老百姓处理垃圾的独门"武器"竟然是蚯蚓。市民们将家里吃剩下的垃圾喂养蚯蚓，为的是让蚯蚓将桶里的垃圾分解掉。这样它可以帮你处理掉任何有机垃圾，比如做菜剩下的菜叶、吃剩的水果等等，当然有肉和有油的除外。蚯蚓不仅能消灭垃圾，蚯蚓粪还是很好的肥料，可以用来给屋后的花园施肥。因此，这种"蚯蚓农场"在喜欢园艺的市民中普及率很高。

巴西

　　在巴西有个叫库里提巴的城市。在这里，市民无论老少都可以通过参与城市垃圾分类获得回报，并且这种"参与"仅仅是生活中的"举手之劳"。尤其是小朋友可以用分类好的垃圾来换取课本、巧克力、玩具和游乐园门票等物品。更有趣的是这座城市将环保教育真正融入市民的生活体验中，例如将废旧公交车改造成教室，用于附近居民职业技能的学习；将采石矿坑改造成开放大学和高雅的歌剧院，其中可回收再利用的塑料管还是歌剧院的主要建造材料之一；还有将荒弃采石坑转变为秀美公园。这些转变本身就是再好不过的环保教育，让市民相信通过自己的参与就可以创造美好的环境。

荒弃采石坑转变为秀美公园，你们是不是也迫不及待地想去体验一把呢！

3 垃圾分类广州行

　　广州市是中国第一个实行垃圾分类的城市。作为生活在广州市的小居民，你知道广州市各区都是怎么做垃圾分类的吗？

　　接下来，欢迎进入广州市垃圾分类展览厅……

　　在越秀区已经有越来越多的社区实行了"定时定点"分类投放模式。请大家根据下面这个口号在自己家里行动起来吧！

　　在家分、下楼投、点监督、精细分。

　　同学们，你们发现了吗？在荔湾区西村街道小区内设置了便于居民投放的挂墙式有害垃圾回收桶。

　　请看看你们自己居住的小区是不是也挂上了这个红色的小桶呢？

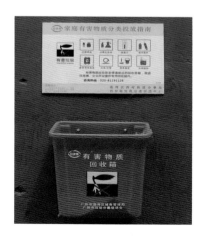

广州市外国语学校利用餐厨垃圾生物处理器将学校每天产生的餐厨垃圾转化为有机肥，建立起垃圾分类生态循环教育基地。

你们的学校是不是也可以打造自己的生态园呢？让我们一起行动起来吧！

以"为爱改变习惯"为主题的华乐街垃圾分类科普宣教馆是广州市首家社区垃圾分类科普宣教馆。

请让爸爸妈妈带着你一起去科普馆赢取"环保达人荣誉证书"吧！

图为广州市兴丰生活垃圾卫生填埋场，目前它的工作量相当巨大，吞食着广州市85%的垃圾。

同学们可以在学校的组织下到现场感受下什么是"垃圾山"。

大家可以到广州第一资源热力电厂二分厂（李坑生活垃圾焚烧发电厂）的教育基地了解垃圾焚烧发电的相关知识。在那里你将真切感受到垃圾处理技术的神奇！

　　白云区再生宝玻璃回收处理有限公司的工人们正在轰鸣的车间里辛勤工作着……

　　生活性废玻璃在这里实现了资源的有效回收处理，并创造了再利用的可能性。

　　其实，随着垃圾分类在广州市的全面推行，细心的你一定可以看到我们的街道、社区、学校正在发生着变化。前面所呈现的也只是其中很小的一部分，更为重要的是，广州市垃圾分类的美好明天还需要你、我以及每一个居民的全力加入，让我们的行动也成为展览厅里定格的美丽图画吧！

后 记

本套丛书由广州市城市管理委员会、广州市环境保护科学研究院共同编写，得到了广州市城市管理委员会徐建韵、尹自永、魏树新、彭自良、任亚兰，广州市环境保护科学研究院谢敏、卢彦、廖庆玉、吴友明、章金鸿、吴晶的大力支持，相关专业的老师陈先铸、陈秀珠、杨汉新、林帼秀、戴佩虹、朱江洁、白丹丹、陈雪芬、姜雅雯、凌伟峰、廖原、蔡冬燕、王雅东、伍西、宋鹏、刘若瀚、苏钰等在书稿的编写、照片的拍摄、图的创作等方面也做了大量的工作，在此一并表示感谢。因时间有限，部分图片来自网络，无法联系到原创作者，请原创作者见到后与我们联系。本书在内容方面难免存在不足，敬请专家和读者指正！

为帮助同学们进一步理解垃圾分类相关知识，垃圾分类小游戏也已上线，欢迎同学们积极下载：

游戏1　你、我、他为垃圾找个家

玩法：在该区分别设置真实的4个不同标志的垃圾桶（可回收物、餐厨垃圾、有害垃圾、其他垃圾），并在垃圾桶背面墙上设置手动感应屏幕，画面中有4张门，会分别走出不同的垃圾，玩家只需用手点住垃圾然后将其拖至垃圾桶就可得分或得到奖品，错误分类或者分类不及时超过3次则游戏结束。

下载方式：iPhone用户和iPad用户可自行到App Store中下载《垃圾分类大挑战》游戏，或登录广州志愿者网（www.125cn.net）在线玩。

游戏2　环保消消乐

《环保消消乐》精心设计了200个关卡，以各种垃圾和卡通形象作为游戏图标，玩家只需要滑动手指让3个及以上同样图标横竖相连即可消除，完成每关的指定消除目标并答对垃圾分类问答题即可过关！

下载方式：用户可自行在安卓或iTune Store（苹果商城）应用电子市场搜索"环保消消乐"，点击下载；或关注微信公众号"广州垃圾分类""广州城管信"，回复数字8即可跳转下载链接页面。

还有一个最简单的下载方式，就是扫描下面的二维码！

安卓版

苹果版

作　者

2015年11月